DERIVADAS Y ECUACIONES DIFERENCIALES (2)

Este escrito es la continuación de "Derivadas y ecuaciones diferenciales (1)".

En el libro "SECRETOS DEL UNIVERSO (el Palacio de escarcha)", se presenta una consideración panorámica de la ciencia actual, escrito con la intención de que pueda ser entendido sin necesidad de conocimientos previos; se considera en él cómo se han obtenido los conocimientos esenciales en los diferentes campos de investigación de la ciencia; aunque se emplean algunas matemáticas básicas, de fácil comprensión, se da énfasis en él a la parte conceptual, necesaria primero, antes de considerar las teorías científicas haciendo uso de las matemáticas.

Pero todo aquel que quiera o necesite profundizar en las principales teorías consideradas allí, bien sea porque desee obtener un entendimiento más profundo de ellas, o porque esté estudiando, o se proponga estudiar una carrera de ciencias, tendrá que dar atención a la parte matemática, las diferentes ramas de las matemáticas que se utilizan en la física clásica, así como las necesarias al estudiar la teoría de la relatividad y la teoría cuántica, y sus desarrollos que se siguen investigando en la actualidad.

Sin embargo, las matemáticas avanzadas no se pueden entender sin empezar desde la base; para estudiar, por ejemplo "cálculo tensorial" (o cálculo diferencial absoluto), necesario para profundizar en el estudio de la Relatividad General, así como las diferentes partes de las matemáticas que se utilizan al estudiar la Teoría Cuántica, necesitamos tener ya un buen entendimiento de "Derivadas, Integrales y Ecuaciones diferenciales".

Con el fin de proporcionar a todo aquel que quiera considerar los descubrimientos de la ciencia en profundidad, o a los estudiantes que lo necesiten, se irán presentando ahora las matemáticas necesarias para ello.

Este libro es la continuación de "Derivadas y ecuaciones diferenciales (1)"; en él consideramos ya la obtención de la fórmula del "oscilador armónico", lo que preparará el camino para después pasar a estudiar cómo se obtienen las soluciones de la ecuación de Schrödinger, que se utiliza en Mecánica cuántica (no relativista); dicha información se presentará en cuanto esté disponible, pero presentamos ya esta parte terminada, aunque se le dará un mayor desarrollo más adelante.

Las explicaciones matemáticas consideradas aquí tienen que ver con el "cálculo infinitesimal", esencial para todo estudiante, tanto en el Instituto como en la Universidad, y de aplicación en todos los estudios de ciencias, no solo para estudiar la teoría cuántica.

Aquellos que empiecen ahora a estudiar este tipo de cálculo, que ha sido fundamental para el progreso científico, o aquellos que necesiten repasar y recordar conocimientos quizá olvidados, u obtener una mejor comprensión de por qué ha sido y es tan importante, quizá encuentren útil la información del libro: "SIN ECUACIONES, por favor", que se ha preparado con intención de ayudar a entender los conceptos fundamentales de las matemáticas, desde la base, poniendo un buen fundamento, aún si no se tienen conocimientos previos, y cuyo índice se incluye aquí:

Pasamos ahora ya a la continuación de "Derivadas y ecuaciones diferenciales (1)"

Ejemplo de problema de contorno:

$y'' - 2y' + 2y = 0$; fijamos los valores de la función en los "extremos": $y(0) = 1$, $y\left(\pi/2\right) = 2$

(y'' significa la derivada segunda de "y", e y' la derivada primera).

La ecuación es la resuelta en el ejemplo que aparece en el libro anterior "Derivadas y ecuaciones diferenciales (1)":

$$y(x) = e^x(d_1 \cos x + d_2 \,sen\, x)$$

Aplicando las condiciones de contorno

1- $y(0) = 1 = e^0(d_1 \cos 0^\circ + d_2 \,sen\, 0^\circ) = d_1,$

Pues $\cos 0^\circ = 1,\; sen\, 0^\circ = 0,\; e^0 = 1$

2- $y\left(\dfrac{\pi}{2}\right) = 2 = e^{\pi/2}\left(d_1 \cos{\,^\pi}/_2 + d_2 \,sen\,{\,^\pi}/_2\right) = d_2 e^{\pi/2}$

Pues:

$$^\pi/_2 = 90^\circ,\; \pi = 180^\circ,$$

$$2\pi = 360^\circ,\; \cos 90^\circ = 0,\qquad sen\, 90^\circ = 1$$

$$y\left(^\pi/_2\right) = 2 = d_2 e^{\pi/2};\; d_2 = \frac{2}{e^{\pi/2}} = 2e^{-(^\pi/_2)}$$

$d_1 = 1;\quad d_2 = 2e^{-(^\pi/_2)},$ y la solución del problema de contorno es:

$$y(x) = e^x\left(\cos x + 2e^{-(^\pi/_2)}\,sen\, x\right)$$

Esta es la solución del problema de contorno.

En algunos casos, cuando en la ecuación diferencial hay parámetros por determinar, se necesitan una o más condiciones iniciales para especificar la solución.

Uno de los ejemplos más sencillos e importantes en ciencias físicas es:

$$\frac{d^2y}{dx^2} + \omega^2 y = 0$$

(ω, es un número real),

De solución general:

$$y(x) = c_1 e^{i\omega t} + c_2 e^{-i\omega y}$$

O la forma trigonométrica equivalente:

$$y(x) = d_1 \cos \omega x + d_2 \, sen \, \omega \, x$$

Utilizando las relaciones:

$$e^{i\omega t} = \cos \omega t + i \, sen \, \omega t$$

$$e^{-i\omega t} = \cos \omega t - i \, sen \, \omega t$$

$$y(x) = c_1(\cos \omega t + i \, sen \, \omega t) + c_2(\cos \omega t - i \, sen \, \omega t)$$
$$= (c_1 + c_2) \cos \omega t + i(c_1 - c_2) \, sen \, \omega t$$

Dónde:

$$c_1 + c_2 = d_1$$

$$c_1 - c_2 = d_2$$

Veamos ejemplos de esto:

Si ω es una constante dada, las dos condiciones iniciales o de contorno son suficientes.

Si ω es un parámetro por determinar es necesaria una condición adicional.

Cuando la situación física necesita que se cumpla una condición de contorno periódica (cíclica)

$$y(x) = (x + \lambda) = c_1 e^{i\omega(x+\lambda)} + c_2 e^{-i\omega(x+\lambda)}$$
$$= c_1 e^{i\omega x} e^{i\omega \lambda} + c_2 e^{-i\omega x} e^{-i\omega \lambda}$$

Donde hemos sustituido "x" por "$x + \lambda$" en la solución general, y teniendo en cuenta que:

$$e^{i\omega x}e^{i\omega\lambda} = e^{i\omega x + i\omega\lambda} = e^{i\omega(x+\lambda)} \quad , y, \quad e^{-i\omega x}e^{-i\omega\lambda} =$$
$$e^{-i\omega x + (-i\omega\lambda)} = e^{-i\omega x - i\omega\lambda} = e^{-i\omega(x+\lambda)}$$

La condición "$y(x + \lambda) = y(x)$", se cumple si "$e^{i\omega\lambda} = 1$", y "$e^{-i\omega\lambda} = 1$", simultáneamente, y esto ocurre si "$\omega\lambda$", es un múltiplo entero de 2π:

$$\omega\lambda = 2\pi n ; \quad n = 0, \ \pm 1, \ \pm 2, \ \pm 3, \dots\dots$$

$$\omega_n = \frac{2\pi n}{\lambda}$$

(pues si "$e^{i\omega\lambda}=1$", y , "$e^{-i\omega\lambda}=1$", $y(x + \lambda) = c_1 e^{i\omega x}e^{i\omega\lambda} + c_2 e^{-i\omega x}e^{-i\omega\lambda} = c_1 e^{i\omega x} + c_2 e^{-i\omega x} = y(x)$).

Y las correspondientes soluciones son:

$$y_n(x) = c_1 e^{\left(2\pi n x/\lambda\right)i} + c_2 e^{-\left(2\pi n x/\lambda\right)i}$$

O en forma trigonométrica:

$$y_n = d_1 \cos\frac{2\pi n x}{\lambda} + d_2 \, sen \, \frac{2\pi n x}{\lambda}$$

Las constantes c_1 y c_2 o d_1 y d_2 no están determinadas.

El oscilador armónico

Es un cuerpo que se mueve en línea recta por la acción de una fuerza (oscilador armónico lineal simple).

La magnitud de la fuerza es proporcional al desplazamiento "x", con respecto al equilibrio (punto fijo 0); "k" es la constante de proporcionalidad (constante de la fuerza); el signo negativo se debe a que es una fuerza de recuperación hacia la posición de equilibrio (debido a la gravedad, muelle, fuerzas de elasticidad, etc.), y asegura que la fuerza actúa en dirección opuesta al desplazamiento:

$$F = -kx$$

Igualando con la otra expresión de fuerza de Newton:

$$F = m\frac{d^2x}{dt^2}$$

(La fuerza es igual a la masa "m", multiplicada por la aceleración, que es la derivada segunda del espacio "x", con respecto al tiempo).

Igualamos las dos expresiones correspondientes a la "fuerza":

$$m\frac{d^2x}{dt^2} = -kx$$

Haciendo las siguientes operaciones para dejar "cero" en el 2º miembro de la ecuación:

$$\frac{d^2x}{dt^2} = -\frac{kx}{m}$$

$$\frac{d^2x}{dt^2} + \frac{kx}{m} = 0$$

Y definiendo:

$$k/m = \omega^2$$

$$\frac{d^2x}{dt^2} + \omega^2 x = 0$$

Esta última ecuación obtenida es la forma estándar de una ecuación lineal homogénea con coeficientes constantes, ya estudiada en "Derivadas y ecuaciones diferenciales (1)", con solución general en forma trigonométrica:

$$x\,(t) = \; d_1 \cos \omega t + d_2 \, sen \, \omega t$$

Modela una gran cantidad de sistemas físicos: oscilaciones de una balanza de resorte (llamada entonces ley de Hooke), balanceo de un péndulo, oscilaciones de un trampolín o columpio, vibraciones atómicas, etc. (en moléculas de cristales)

ω es la velocidad angular, y multiplicada por el tiempo nos da el espacio recorrido, en grados o radianes, del proceso oscilatorio; si no es un movimiento lineal cíclico (de ida y vuelta), aunque éste sería representado por la misma ecuación y su gráfica.

Estamos ya cerca de poder pasar a considerar cómo se obtiene la ecuación de Schrödinger, y sus soluciones, que tan importante es para comprender la teoría cuántica.

La comprensión de la teoría cuántica nos permitirá entender mejor la Tabla periódica de los elementos y la razón que hay detrás de las reacciones y fenómenos químicos, tan esenciales para la vida.

Y para aquellos lectores que hayan adquirido este libro, y puedan estar interesados en la parte conceptual, tanto de la teoría cuántica, como de la ciencia en general, y cómo se han obtenido los principales descubrimientos, se incluye aquí la presentación, y el índice de los temas que se consideran en "SECRETOS DEL UNIVERSO (El Palacio de escarcha)", junto con un fragmento dedicado a la teoría de la relatividad.

Desde la antigüedad la humanidad se ha esforzado por comprender lo mejor posible el Universo y el mundo en que vive, en gran parte por necesidades prácticas, pero también en buena medida por la curiosidad innata que parece inherente al ser humano.

En la actualidad se ha llegado, edificando sobre los conocimientos acumulados durante siglos, a un entendimiento profundo de muchos de los aspectos de nuestro mundo, y mucho de lo que se ha descubierto ha causado sorpresa y ha planteado nuevos interrogantes, que son objeto de intensa investigación.

Probablemente muchas personas sientan interés por lo que se ha descubierto hasta ahora, y por los métodos que han hecho posibles tales descubrimientos.

Puede que muchos se pregunten cómo es posible saber la composición de los astros, que están a distancias inalcanzables, y cómo se determinan tales distancias, o cómo se ha obtenido conocimiento del mundo submicroscópico.

Quizá muchos quisieran entender algo sobre la relatividad y la teoría cuántica, y las cosas extrañas que esas teorías han revelado sobre la naturaleza del espacio y el tiempo, de la materia y la energía.

También es sumamente interesante lo que se ha descubierto sobre el ADN, y la manera en que el código genético da origen a las variadas y complejas formas de vida, o el papel que desempeña el cerebro en nuestra percepción y concepción de la realidad.

En estas páginas se intentan explicar las ideas esenciales sobre esos temas en un lenguaje sencillo y asequible, de forma que puedan ser entendidas sin necesidad de conocimientos previos, y puedan ser útiles a los que sienten curiosidad por tales asuntos.

Si logran su objetivo, las explicaciones que aquí se presentan pueden servir de base para que después cada cual, si lo desea, profundice en aquello que más le interese, así como para estar preparados para asimilar los nuevos hallazgos que sin duda llegarán, a medida que la investigación en todos los campos progrese.

TEMAS CONSIDERADOS

EL DESCUBRIMIENTO DE LAS MATEMÁTICAS

¿Cómo se midió la velocidad de la luz?

¿Cómo se formó el Sistema Solar?

LA TIERRA..

El tiempo geológico

La orogénesis

La Tierra en el comienzo

La deriva continental

¿Cómo se conoce la composición interna del planeta?

La Tectónica de Placas

¿Cómo se calcula la edad de la Tierra?

¿Cómo se calculó en la antigüedad el tamaño de la Tierra?

¿Cómo se determinan los grados de inclinación del eje terrestre con respecto al plano de su órbita en torno al Sol?

¿Qué es la precesión de los equinoccios y a qué se debe?

LA MATERIA..

Los principios matemáticos

Mecánica estadística. La teoría cinética de los gases

La hipótesis de Avogadro.

Los pesos atómicos relativos. Definición de mol

Las leyes de la termodinámica

Otras fuerzas

La unificación de Maxwell

El origen de la teoría de la relatividad

La relatividad de la simultaneidad

El espacio de Minkowski

Electromagnetismo y mecánica

El aumento de la masa con la velocidad

Masa y energía

La Relatividad general

El principio de equivalencia

La "generalidad" de la Relatividad general

La teoría cuántica. Luz y materia

La radiación de cuerpo negro

El efecto fotoeléctrico

La naturaleza eléctrica de la materia

El modelo atómico de Thompson

El modelo nuclear de Rutherford

La Teoría cuántica "salva" al átomo: el modelo de Bhor

El modelo de Bhor y el espectro del hidrógeno

La idea de De Broglie

La nueva mecánica cuántica

Las matrices de Heisenberg

La formulación de Dirac, la mecánica matricial y la mecánica ondulatoria

El principio de indeterminación y las ondas de probabilidad

El concepto de "campo cuántico"

Las fuerzas nucleares

FRAGMENTO DEDICADO A LA RELATIVIDAD

La unificación de Maxwell

Maxwell expresó los descubrimientos sobre la electricidad y el magnetismo en forma de ecuaciones matemáticas. Las fórmulas describían por lo tanto la relación entre electricidad y magnetismo. Explicado a grandes rasgos, si en un miembro de una ecuación aparece variación de electricidad, en el otro miembro aparece magnetismo y viceversa. Electricidad y magnetismo aparecen así relacionadas, y unificadas en una sola entidad matemática. Las ecuaciones muestran en qué medida una corriente eléctrica genera magnetismo y viceversa. Por lo tanto ya no hay que hablar de electricidad y magnetismo por separado, sino de electromagnetismo. Como una consecuencia lógica de la íntima relación entre electricidad y magnetismo, las ecuaciones predecían la propagación de un nuevo tipo de ondas: un campo eléctrico variable genera en torno suyo un campo magnético, que a su vez genera otro campo eléctrico, y así sucesivamente, de manera que se propaga por el espacio una onda electromagnética. Incluso se podía calcular la velocidad de las ondas. La velocidad de las ondas a través de un medio determinado, depende de ciertas constantes características del medio, como la rigidez y la densidad. Análogamente la velocidad de las ondas electromagnéticas depende de ciertas constantes relacionadas con las diferentes intensidades de las fuerzas eléctrica y magnética. Cuando se hicieron los cálculos la velocidad resultó ser igual a la velocidad de la luz (300.000 km/seg.), que ya se había medido anteriormente. La conclusión era lógica: las ondas de luz eran ondas electromagnéticas. Apareció así otra gran unificación en física: electricidad, magnetismo y luz eran manifestaciones de un mismo fenómeno.

El origen de la teoría de la relatividad

La física de Newton sirvió para explicar casi todos los fenómenos conocidos durante siglos. No se puede negar que fue una enorme conquista intelectual. De hecho, solo hubo que hacer dos modificaciones en el siglo XX (la teoría de la relatividad y la teoría cuántica). Aunque esas teorías suponen un avance impresionante en nuestro entendimiento, en realidad no echan por tierra los éxitos obtenidos por la física de Newton, sino que, por decirlo de alguna manera, los absorben. En la teoría de la relatividad y en la teoría cuántica, las fórmulas de Newton vuelven a aparecer como un caso límite. Concretamente, la relatividad ajusta las fórmulas newtonianas para tener en cuenta los efectos de la velocidad de la luz, y la teoría cuántica las ajusta para tener en cuenta que la energía no puede tomar cualquier valor, lo que se pone de manifiesto en los intercambios de energía de los procesos atómicos. En el caso límite en que se pueden ignorar los efectos de la velocidad de la luz y la cuantización de la energía, se anulan los términos matemáticos correspondientes y lo que queda son las fórmulas de Newton.

Como hemos visto, en la teoría electromagnética de Maxwell, la velocidad de la luz aparece como una constante, pues se obtiene de otras constantes relacionadas con las fuerzas eléctricas y magnéticas. Para que las leyes del electromagnetismo sean válidas, sin tener que modificarlas de forma complicada, cualquier observador debe obtener el mismo valor para la velocidad de la luz, sin importar cuál sea el estado de movimiento del observador que haga la medida. Los físicos se dieron cuenta de que esto estaba en contradicción con las leyes del movimiento de Newton. Supongamos que vamos en un tren que avanza a velocidad uniforme. Lanzamos una pelota dentro del tren y medimos su velocidad con relación al tren (o sea, como si el tren estuviera en reposo). Si un observador en tierra midiera la velocidad de la pelota no obtendría el mismo valor que nosotros. La velocidad que obtendría sería la suma de la velocidad de la pelota con relación al tren más la velocidad del tren con relación a la Tierra. Si las ondas de luz se propagan en el supuesto "éter", su velocidad parecería mayor a un observador que fuese hacia la luz que a otro que se aleja de ella. Un experimento preciso realizado por Michelson y Morley mostró que la velocidad de la luz tenía el mismo valor en cualquier dirección que se midiese. Si hubiesen detectado diferencias se habría confirmado que la Tierra se movía a través del éter, y este podría servir como un sistema de referencia respecto al cual medir los demás movimientos, pero si no se pudo detectar tal "movimiento a través del éter", como Einstein expresaría después, suponer su existencia resultaba superfluo. En el Universo no se conoce nada que esté en reposo, por lo que solo podemos medir la velocidad de unos objetos con relación a otros, o sea, velocidades relativas. ¿Cómo puede entonces haber una velocidad absoluta, que sea la misma, se mida desde donde se mida?. Parece una contradicción. Sin embargo Einstein mostró como se podían reconciliar ambas teorías, mecánica y electromagnetismo, sin renunciar a los éxitos obtenidos por cada una. Pero para ello había que renunciar al concepto de "tiempo absoluto" que se daba por sentado hasta entonces.

La relatividad de la simultaneidad

Volvamos al ejemplo del tren. Se hace de noche. Al lado de la vía hay dos farolas apagadas, separadas por una distancia considerable y en la mitad del camino entre ellas hay un observador en tierra. En determinado momento, cuando el tren está recorriendo parte de la distancia entre las farolas, estas se encienden. Las dos señales luminosas, viajando a la velocidad de la luz, llegan al observador en tierra al mismo tiempo; él, por lo tanto concluye que las dos se han encendido simultáneamente. Sin embargo ¿qué percibirá un observador en el tren?. El tren avanza hacia el primer foco y se aleja del segundo, por lo que la luz de uno le llegará antes que la del otro. La conclusión es evidente: dos sucesos que son simultáneos para el observador en tierra no serán simultáneos para el observador en el tren, Este simple ejemplo muestra que la percepción de una secuencia de sucesos (y por lo tanto la percepción del paso del tiempo), puede variar de un observador a otro, según su estado de movimiento. Sería un error pensar que la medida del observador en tierra es la "real", mientras que la otra es "aparente". Podemos entenderlo si ahora trasladamos el ejemplo del tren al Universo y pensamos en dos sistemas de referencia que se mueven uno con respecto al otro, cada uno con su observador haciendo mediciones. La relatividad de la simultaneidad se cumplirá igual. Cada observador tiene el mismo derecho a pensar que está en reposo y el otro se mueve respecto a él. Por lo tanto las mediciones o percepciones de uno se pueden considerar tan reales como las del otro, pero como hemos visto, el transcurso de los acontecimientos, el transcurso del tiempo, es diferente en cada sistema de referencia. Para cada observador lo que él mide y percibe es lo "real" y ninguno tiene derecho a decir que sus mediciones o percepciones son más reales que las del otro, porque en el Universo no existe ningún sistema privilegiado, puesto que todos los sistemas de referencia se mueven unos respecto a otros. No se conoce ningún sistema en reposo absoluto respecto al cual se puedan medir los demás movimientos. Por lo tanto, los observadores en cualquier sistema de referencia tienen el mismo derecho que los demás a considerar sus mediciones o percepciones reales.

¿Qué instrumentos , objetos o sistemas físicos podemos usar como relojes?: cualquier sistema que tenga un movimiento periódico; por ejemplo, la Tierra gira en una órbita alrededor del Sol y cuando completa un giro vuelve a hacer otro, y cada giro tiene la misma duración; usamos ese sistema para medir los años; cada giro corresponde a un año; un péndulo que oscila de un lado a otro de manera regular , empleando el mismo tiempo en cada oscilación, también se usa como reloj: se pueden contar o registrar el número de oscilaciones que ha realizado entre dos sucesos, y eso nos da el tiempo transcurrido entre dichos sucesos; ahora se usan las rápidas y regulares oscilaciones de los átomos para hacer relojes muy precisos, que pueden medir intervalos de tiempo muy cortos.

Pensemos por tanto en usar como reloj un oscilador muy sencillo; imaginemos simplemente dos placas paralelas, separadas una pequeña distancia, una arriba y otra abajo, y una bolita que rebota de una a otra continuamente y de manera regular.

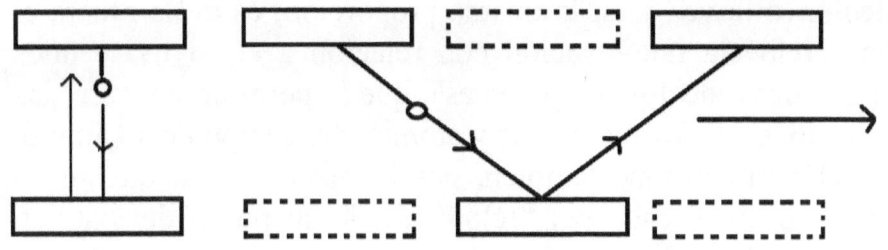

Un amigo nuestro está dentro de un vehículo con un reloj así, y a cierta distancia otro amigo está observándole, y con unos prismáticos puede ver perfectamente el reloj; por cierto, él también tiene a su lado un reloj igual; los dos amigos están en reposo, y el que está a cierta distancia fuera del vehículo comprueba que los dos relojes están marchando al mismo ritmo; la bolita de uno y la del otro se mantienen totalmente sincronizadas, oscilando o latiendo al unísono; el tiempo transcurre igual para los dos; pero ahora el amigo que está dentro del vehículo lo pone en marcha y empieza a moverse hacia adelante; él sigue observando el reloj que lleva en el vehículo y lo sigue viendo igual que antes de moverse, porque el reloj se mueve junto con él; pero su amigo, que permanece quieto fuera del vehículo, observa con los prismáticos algo diferente cuando mira el reloj del interior; como las dos placas están avanzando con relación a él, la bolita tiene que hacer ahora un recorrido más largo para completar cada oscilación, puesto que después de rebotar en la placa de arriba, mientras se dirige hacia la de abajo, ésta se ha desplazado cierta distancia antes de que la bola la alcance; por tanto, desde el punto de vista del observador fuera del vehículo, las oscilaciones del reloj del vehículo se completan en un intervalo de tiempo más largo que las que mide con su reloj; pero ese efecto no está ocurriendo solo en el reloj; como dijimos antes, los átomos, que componen tanto al vehículo como todo lo que hay en él, incluido el cuerpo del conductor, son también osciladores regulares, de modo que todos los procesos, incluidos los biológicos, están transcurriendo a un ritmo distinto, pero el observador de adentro no percibe ningún cambio porque todo se ralentiza a la vez y en la misma proporción; es el de afuera el que percibe la ralentización con relación a él; si usase unos "prismáticos idealmente potentes", que le permitiesen "ver" las oscilaciones de las moléculas y átomos del cuerpo de su amigo, las vería ralentizarse también, por la misma razón que se ha explicado en el caso del "reloj"; desde su punto de vista su amigo está "envejeciendo" más lentamente que él; de modo que no hay un tiempo absoluto; cada uno tiene su tiempo propio.

No solo la medición del tiempo, sino también la medición del espacio se basa en el concepto de simultaneidad. Volviendo al ejemplo del tren, supongamos que el observador en tierra ve que cuando los focos se encienden, uno coincide con el extremo delantero del tren y el otro con el extremo trasero. Llega a la conclusión de que la longitud del tren es igual a la longitud entre las dos farolas. La distancia entre los focos ha sido su vara de medir. ¿Qué verá en este caso el observador en el tren?. Verá iluminada la cabecera del tren y, *transcurrido un tiempo*, verá iluminada la parte trasera (puesto que se está alejando de la farola que ha iluminado esa parte del tren, y su luz, y la imagen que transporta, tardará más en llegar), y llegará a la conclusión de que la distancia entre los focos es menor que la longitud del tren. Por lo tanto tampoco coincidirán al medir longitudes. En realidad siempre que medimos longitudes, colocamos una vara de medir y damos por sentado que la imagen de los dos extremos de la vara llega a cualquier observador simultáneamente. Pero como hemos visto la simultaneidad es relativa.

Naturalmente la relatividad de la simultaneidad y sus efectos sobre la percepción de longitudes y tiempos, pueden despreciarse cuando las velocidades de los sistemas de referencia son pequeños en comparación con la velocidad de la luz.

En el ejemplo hipotético del tren, para percibir los efectos, el tren tendría que tener una velocidad enorme. En experimentos reales a altas velocidades, cuando se aceleran partículas subatómicas, se ha comprobado que se cumplen las leyes relativistas.

El espacio de Minkowski

Podemos notar que estos efectos relativistas (retraso de los sucesos o dilatación del tiempo, y contracción de las longitudes) se deben al mismo fenómeno: la relatividad de la simultaneidad; por lo tanto están íntimamente relacionados. Concretamente, en la misma medida en que el tiempo se dilata o extiende, la longitud se contrae. Pero eso es precisamente lo que ocurre en el espacio tridimensional, cuando miramos un objeto desde dos perspectivas distintas. Dos observadores pueden ver el mismo objeto y sin embargo ver diferentes imágenes. (Por ejemplo, al cambiar la perspectiva la longitud nos parece más corta y la anchura nos parece más larga; desde la nueva perspectiva, la extensión que una ha perdido, lo gana la otra, desde nuestro punto de vista en esa nueva ubicación). Análogamente en relatividad la longitud se acorta y el tiempo se dilata, dependiendo del estado de movimiento de un observador con relación a otro. En la física de Newton el tiempo era el mismo para todos los observadores, absoluto e inmutable. La relatividad nos da más perspicacia sobre los conceptos de espacio y tiempo; nos hace pensar en cómo forjamos en nuestra mente esos conceptos de espacio y tiempo, basándonos en nuestras percepciones; pero nuestras percepciones dependen de nuestro estado de movimiento. En la física relativista el tiempo se comporta como las otras dimensiones espaciales: puede parecer más o menos "estirada" según desde donde se la mire. Antes de la relatividad espacio y tiempo se podían considerar separados. En la relatividad en cambio están íntimamente unidos. Sí la coordenada temporal se dilata, la coordenada espacial se contrae. Podemos expresarlo diciendo que diferentes observadores tienen diferentes "perspectivas" en el espacio-tiempo. No cabe hablar de espacio y tiempo por separado. A esta unión de espacio y tiempo se la conoce como espacio de Minkowski. Un cambio de sistema de referencia equivale, por lo tanto, a un "giro" en el espacio-tiempo, desde el punto de vista matemático, o un "giro" en el espacio de Minkowski. En el espacio tridimensional un punto material queda localizado, con respecto a un sistema de coordenadas de referencia, por medio de tres números: longitud, latitud y altura. En el espacio-tiempo hay que especificar también el tiempo, que puede ser diferente en diferentes sistemas de coordenadas. Un "punto" en el espacio tridimensional equivale a un "suceso" en el espaciotiempo cuatridimensional. Una observación o medición es un "suceso". Según la relatividad es más correcto decir que el "mundo" que percibimos se compone de sucesos, acontecimientos, no de "puntos materiales".

Electromagnetismo y mecánica

La teoría de la relatividad está de acuerdo con la teoría electromagnética de Maxwell. La velocidad de la luz es la misma en todos los sistemas de referencia precisamente porque longitudes y tiempos se ajustan para dar ese resultado. Pero la relatividad también está de acuerdo con la mecánica de Newton en el caso límite de bajas velocidades. Esto se debe a que las fórmulas relativistas son precisamente las fórmulas de Newton, pero con un término añadido que mide la contracción de longitudes y dilatación del tiempo según la velocidad. Cuando la velocidad es baja en comparación con la velocidad de la luz, este término se hace tan pequeño que prácticamente desaparece y reaparecen las fórmulas de Newton.

El aumento de la masa con la velocidad

Ya sabemos que longitud y tiempo son magnitudes fundamentales en física. Cualquier modificación que sufran afectará a las demás fórmulas que se construyen a partir de ellas. Consideremos la 2ª ley de Newton:

FUERZA = MASA x ACELERACIÓN.

Aplicamos fuerza a un cuerpo y va aumento su velocidad. Pero según la relatividad la longitud se contrae y el tiempo se ralentiza. A mayor velocidad más se acentúan esos efectos, por lo que cada vez nos costará más acelerarlo (aplicaremos fuerza, pero cada vez recorrerá una longitud más corta en un tiempo más largo o dilatado). Es como si su "masa" aumentase al aumentar la velocidad. Nótese que (en este caso), no aumenta la "cantidad de materia" sino la "resistencia a la aceleración", por los efectos relativistas de contracción de longitud y ralentización del tiempo. La masa se define precisamente como "resistencia a la aceleración". Las fórmulas indican que si el objeto llegase a la velocidad de la luz, su longitud se reduciría a cero, el tiempo se detendría y la masa se haría infinita. No sería posible acelerarlo más. Eso indica que la velocidad de la luz es un límite infranqueable en el Universo. Haber descubierto la velocidad límite es un hecho notable, puesto que no se podría haber descubierto mediante experimentos, ya que nunca podríamos estar seguros de que un experimento posterior no descubriría una velocidad mayor. Sin embargo es la teoría la que nos dice que la velocidad de la luz es el límite en el Universo físico. Además, ahora comprendemos mejor, por qué en el Universo la velocidad máxima debe ser la misma en todos los sistemas de referencia o referenciales. Si no fuera así, la velocidad se podría aumentar simplemente por cambio de referencial, y nunca se podría hablar de una velocidad máxima. Pero si las leyes relativistas no se cumplieran, el electromagnetismo no funcionaría como lo hace, y, por decirlo de alguna manera, el Universo se "desplomaría". Esta "construcción" o "estructura" del Universo que habitamos es la que permite que lo experimentemos como lo hacemos.

Masa y energía

La energía cinética de una partícula depende de su velocidad. La fórmula para la energía cinética es:

ENERGÍA CINÉTICA = ½ MASA x VELOCIDAD ^{2}

Pero como hemos visto, de acuerdo con la relatividad la velocidad también aumenta la masa. De modo que un aumento de energía cinética supone también un aumento de masa. Si incremento de energía equivale a incremento de masa, llegamos a la conclusión sorprendente de que la masa es otra forma de energía. Einstein dedujo de las fórmulas relativistas la proporción entre masa y energía. Obtuvo la famosa fórmula:

$$E = m c^2$$

(energía es igual a masa por la velocidad de la luz al cuadrado). Podría pensarse que la fórmula solo debería aplicar a la energía cinética, pero hemos visto que en el Universo unas formas de energía se transforman en otras de acuerdo con la ley de conservación de la energía (para obtener energía cinética tendremos que extraerla de alguna otra forma de energía). Para que la ley de conservación de la energía se cumpla y las leyes del Universo sean consistentes hemos de entender que la fórmula tiene validez universal y aplica a todas las formas de energía. En las reacciones químicas Lavoisier comprobó que se cumplía la ley de conservación de la masa. Ahora dos leyes de conservación se fundían en una: La conservación de la energía, considerando a la masa como otra forma de energía.

Antes del descubrimiento de esta fórmula los científicos no podían explicarse la energía que genera el Sol. No había ningún proceso de obtención de energía conocido en la Tierra que generase tan enorme cantidad de energía con una pérdida muy pequeña de masa. Las leyes relativistas, por lo tanto, se extienden más allá de los campos de estudio en los que se originaron. Explican más cosas que las que originalmente pretendían explicar, mostrando que una ley universal cumple muchos propósitos y que el Universo es una entidad donde todo está relacionado y todas sus leyes cooperan juntas para hacer que funcione como lo hace.

La fórmula de la equivalencia entre masa y energía explica también la gran cantidad de energía que se obtiene en las centrales nucleares, o la que se libera en las explosiones atómicas.

El descubrimiento de la equivalencia entre masa y energía nos conduce a una visión del mundo que ya había sido sugerida por Faraday y Boscovich, quienes habían sugerido que aquellos lugares donde percibimos materia, podrían ser "los lugares donde las fuerzas de un campo de fuerza se concentran en un punto"

Entendiendo la relatividad, podemos entender mejor las relaciones entre materia y energía, y entre espacio y tiempo, y su relación con el movimiento.

La Relatividad General

Las tres leyes del movimiento de Newton están de acuerdo con la relatividad cuando se consideran velocidades bajas en comparación con la enorme velocidad de la luz. Pero ¿qué pasa con la ley de Gravitación?. Observemos la fórmula newtoniana:

$$F = G (M m/ r^2)$$

Vemos que en ella no aparece el tiempo. La fórmula simplemente indica que donde hay una masa, automáticamente hay atracción gravitatoria.

Según esta fórmula es como si el Sol ejerciese su fuerza de atracción sobre la Tierra en el acto, sin transcurrir tiempo alguno. Es como si la influencia gravitatoria se transmitiese a una velocidad infinita. Para Newton mismo esa "acción a distancia" resultaba sospechosa. Como hemos visto, según la relatividad nada puede viajar más rápido que la luz. En la teoría de campos un cuerpo que ejerce su influencia sobre otro no puede hacerlo de manera instantánea. Las fuerzas no se transmiten directamente de una partícula a otra, sino de la primera partícula al campo y de este a la segunda partícula. El campo cobra por tanto realidad física. Ya hemos visto que la relatividad se deriva de la teoría del campo electromagnético.

Pero ¿cómo se puede armonizar la relatividad con la ley de la gravedad?. La respuesta a esta pregunta condujo a la Relatividad General.

El principio de equivalencia

Un cuerpo responde a una fuerza aplicada a él, según su "masa inerte" (o masa de inercia), de acuerdo con la fórmula $F = m \cdot a$, pero responde a una fuerza de atracción gravitatoria, según su "masa pesante" (o masa gravitatoria), de acuerdo con la fórmula $F = G [(Mm)/r^2]$. La "masa inerte" es por lo tanto la resistencia de un cuerpo a la aceleración, mientras que la "masa pesante" determina su respuesta a un campo gravitatorio (por ejemplo el de la Tierra); todos los cuerpos caen con la misma aceleración (en la Tierra, 9,8 m/seg.^{2}). La misma cantidad de "fuerza" debe producir la misma cantidad de "aceleración", sin importar si esa "fuerza" proviene de un campo gravitatorio, o de otra fuente, para que todo sea consistente, de modo que podemos igualar las dos expresiones de "fuerza"

Igualemos las dos expresiones de "fuerza":

$$m \cdot a = G [(Mm)/r^2]$$

(Aquí "M" es la masa de la Tierra, y "m" la masa del objeto que cae).

Para ser más concretos:

$$\text{MASA DE INERCIA} \times a = G(M/r^2) \times \text{MASA GRAVITATORIA}$$

Podemos medir la "inercia" de un cuerpo usando $F = m \cdot a$, o podemos medir su "peso" usando $F = G [(Mm/r^2)]$; a priori, inercia y peso no tendrían por qué tener el mismo valor. Sin embargo podemos notar que para que la aceleración de la gravedad sea independiente de las características del cuerpo (y por tanto sea la misma para todos los cuerpos acelerados por un campo gravitatorio, como descubrió Galileo), estas ("masa inerte" y "masa pesante") no tendrían que aparecer en la fórmula. Eso solo puede ocurrir si las dos tienen el mismo valor (MASA INERTE = MASA PESANTE). Solo entonces podemos simplificar la fórmula, eliminando esos dos valores en ambos miembros de la ecuación, puesto que son iguales, y nos queda:

$$a = G\ (M/r^2)$$

Así, la aceleración depende solo de la intensidad del campo gravitatorio de la Tierra, y es una constante tal como la experiencia demuestra. Inercia y peso se compensan completamente (A mayor peso, la Tierra tira con más fuerza, pero como mayor peso significa también mayor inercia, el cuerpo se resiste más a la fuerza. Ambos efectos se compensan y el resultado es que todos los cuerpos caen con la misma aceleración).

Einstein se dio cuenta de que esta igualdad entre "masa de inercia" y "masa gravitatoria" implicaba la equivalencia entre un sistema en movimiento acelerado y un campo gravitatorio. Consideremos un ejemplo: imaginemos una especie de ascensor, una caja cerrada, sin ventanas, suspendida por un cable y colgando a una altura considerable. Dentro de esta especie de ascensor hay una persona y varios objetos. Supongamos ahora que se corta el cable y el ascensor empieza a caer, Aunque la persona levante los pies del suelo seguirá en caída libre, junto con el ascensor y los demás objetos, todos cayendo con la misma aceleración. A la persona entonces le parecerá que está flotando dentro del ascensor, También los demás objetos parecerán flotar. De hecho, esto es lo que realmente pasa cuando vemos a los astronautas flotar dentro de una nave que está en órbita en torno a la Tierra. Se suele decir que los astronautas están en unas condiciones de "gravedad cero". Pero la gravedad no ha desaparecido, porque es la que mantiene a la nave orbitando en torno a la Tierra, como la Luna. Lo que ocurre es que la nave y todo lo que hay en ella están en caída libre, como en el ascensor imaginario del ejemplo. Einstein se dio cuenta de que una persona en caída libre no siente su propio peso. Pero supongamos ahora que alguien engancha de nuevo el cable del ascensor, y se empieza a hacer que se eleve con un movimiento acelerado, tirando hacia arriba del cable; la persona y las cosas se volverán a pegar al suelo del ascensor y será como si alguien hubiese conectado un campo gravitatorio. Por tanto un sistema en movimiento acelerado y un campo gravitatorio son equivalentes.

Ahora bien, ¿qué ocurre con el espacio y el tiempo en un sistema acelerado?, Consideremos un caso de movimiento acelerado, un disco en rotación, como la plataforma de un tiovivo; (aunque la velocidad, una magnitud vectorial, no cambie de magnitud, cambia de dirección continuamente, por tanto es un sistema acelerado). Imaginemos un habitante de este disco giratorio haciendo mediciones de longitud y de tiempo. Si se coloca en una parte exterior del disco obtendrá unos valores, pero si se coloca en una parte más interna irá a diferente velocidad, y de acuerdo con la relatividad especial la medición de longitudes y tiempos será distinta. De hecho longitudes y tiempos se acortarán o dilatarán constantemente, y tendrán valores diferentes dependiendo de la distancia al centro del disco. Por lo tanto en un sistema acelerado la relatividad hace que los valores de las coordenadas espaciotemporales cambien continuamente de un punto a otro, encogiéndose o dilatándose. En un mundo con esas propiedades no podríamos trazar un sistema de coordenadas rectilíneo. Por ejemplo si tomáramos un plano y tomáramos nuestra "vara de medir" (variable de punto a punto), no podríamos obtener algo semejante a esto:

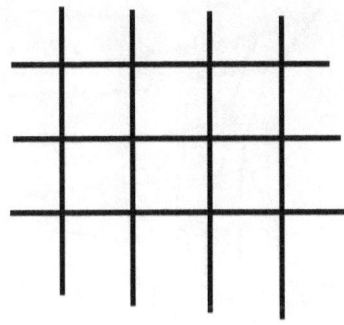

Más bien obtendríamos algo semejante a esto:

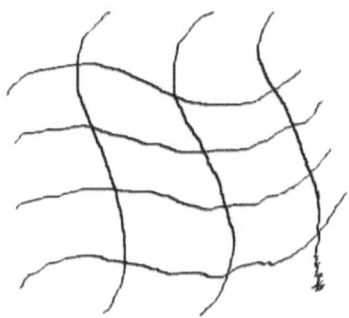

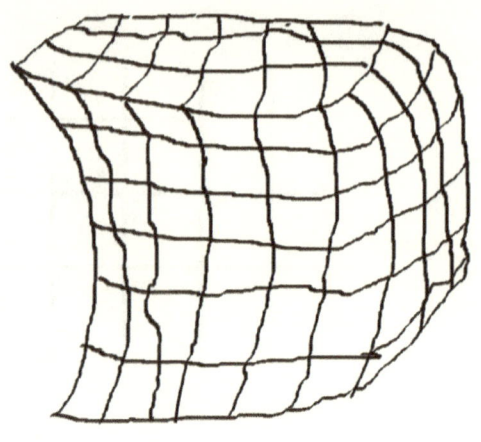

De modo que en un sistema acelerado la relatividad hace que el espacio y el tiempo sean curvos. Pero según el principio de equivalencia lo mismo debe ocurrir en un campo gravitatorio. Según este punto de vista, una gran masa, como la del Sol, origina una curvatura del espacio-tiempo en torno suyo. Altera la geometría de su entorno, deformándola. Los cuerpos en el entorno del Sol se moverán siguiendo trayectorias curvas, porque la geometría es curva, La relatividad conduce a una nueva interpretación de la gravedad. La gravedad se debe a que los cuerpos masivos curvan la geometría de su entorno.

Mientras trabajaba en este tema, Einstein supo que los matemáticos ya habían estudiado, desde hacía años, la geometría de los espacios curvos. Para estudiar una superficie curva se introduce un sistema de coordenadas que se adapte a la curvatura.

Estas se llaman "coordenadas de Gauss". Matemáticos como Gauss dudaban de la validez completa de la geometría que estudiamos en el colegio, llamada geometría euclídea (por Euclides, geómetra griego).

Por ejemplo, en la geometría euclídea la suma de los tres ángulos de un triángulo siempre mide 180°; esto se puede comprobar en el siguiente gráfico:

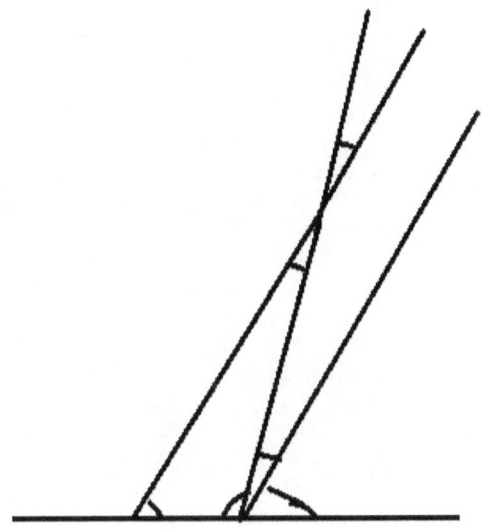

Al trasladar dos de los ángulos, haciendo un "transporte paralelo", para unirlos al tercer ángulo, se ve que los tres suman media circunferencia, o 180°

Sin embargo ¿es esto realmente cierto en la verdadera geometría del mundo real?. Se puede demostrar que solo será cierto si el triángulo se traza en una superficie plana (con curvatura cero). Si trazamos un triángulo pequeño sobre la superficie de la Tierra se cumplirá, pero si vamos aumentando el tamaño del triángulo no se cumplirá debido a la curvatura de la Tierra.

De modo que, ¿Cuál es la verdadera geometría del Universo?

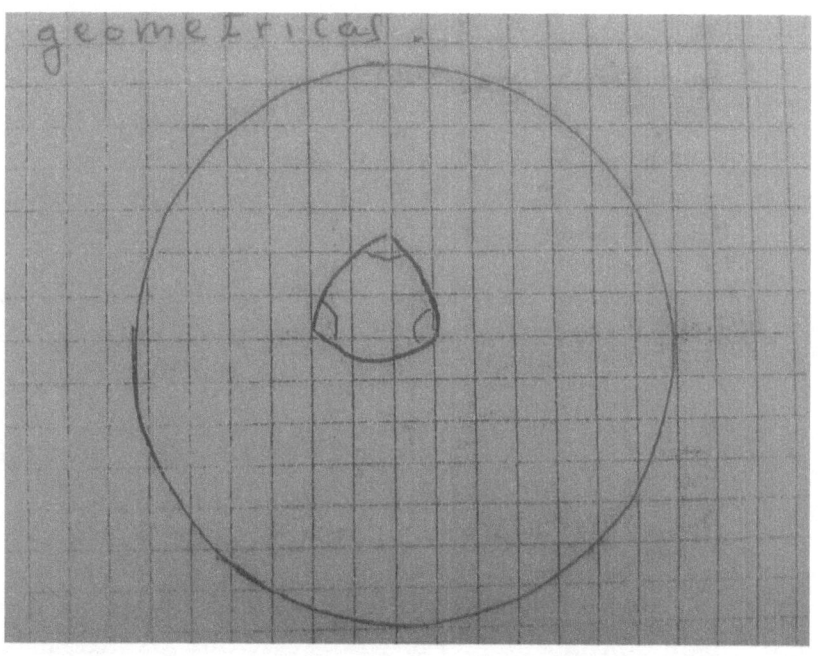

(Ver figura: Si trazamos un triángulo suficientemente grande sobre la superficie de la Tierra, sus tres ángulos sumarán más de 180°. La geometría de Euclides solo se cumple en la superficie de la Tierra como un caso límite, cuando realizamos las mediciones en una porción suficientemente pequeña).

Los experimentos podrían demostrar que la geometría se ve afectada por las propiedades físicas de la materia, la existencia de campos de fuerza, o leyes universales que influyesen en las mediciones geométricas.

De modo que Riemann desarrolló una geometría más general, que aplicase a cualquier clase de espacio, tuviera la estructura que tuviera. Además, para hacerla más general, la geometría se podría extender a cualquier número de dimensiones. Ahora Einstein descubrió que la verdadera geometría del Universo se adaptaba a la geometría prevista por Riemann, y dicha geometría era responsable de lo que conocemos como gravedad. Con la geometría de Riemann, la herramienta matemática que Einstein necesitaba estaba ya lista para su uso. Las fórmulas de esa geometría le sirvieron para calcular hechos que podían ser contrastados con la experiencia. La teoría de Einstein predijo que un rayo de luz seguiría una trayectoria curva al ser afectado por un campo gravitatorio intenso. Esta predicción fue confirmada durante un eclipse de Sol. La luz de una estrella era curvada por el campo gravitatorio del Sol, en la medida predicha por la teoría. Además se comprobó que el tiempo se ralentiza al aumentar la intensidad gravitatoria (esto es lo que se quiere decir cuando se habla de que el tiempo es "curvo"). Solo quiere decir que los acontecimientos transcurren más o menos deprisa según la intensidad del campo gravitatorio en el lugar en que se hagan las mediciones. De modo que extendemos el lenguaje que usamos al referirnos a las tres coordenadas espaciales, y decimos que la coordenada temporal también es "curva". Además la teoría de Einstein explicó una anomalía observada en el movimiento del planeta Mercurio, que no había podido ser explicada por la física de Newton. La experiencia por lo tanto ha demostrado la validez de la Relatividad General, la teoría de la gravedad de Einstein.

La "generalidad" de la Relatividad General

La teoría que Einstein desarrolló en 1905, se conoce como relatividad especial o restringida; es la primera que hemos considerado. La extensión que hizo para incluir la gravedad, que completó hacia 1916, es la que acabamos de considerar, y se llama Relatividad General, como hemos dicho. En realidad su "generalidad" no consiste solo en que incluya a la gravedad, sino en algo más profundo.

Desde Galileo sabemos que un sistema de referencia (o sistema de coordenadas) en reposo, no se puede distinguir de otro en movimiento rectilíneo uniforme con respecto a él. Las leyes de la naturaleza, como por ejemplo las leyes del movimiento, se cumplirán y serán las mismas en los dos sistemas. Estos sistemas se llaman inerciales, porque en ellos se cumple la ley de la inercia. Esto se puede expresar así: "Todos los sistemas inerciales son equivalentes para la formulación de las leyes de la naturaleza". Este es el llamado "principio de la relatividad de Galileo". Las leyes de la mecánica de Newton se fundamentan en él. En realidad lo que hizo Einstein fue mostrar que se podían mantener estos dos principios:

1- El principio de la relatividad de Galileo (Fundamental en Mecánica)

2- La constancia de la velocidad de la luz (Tal como aparecía en la formulación de Maxwell del electromagnetismo).

La relatividad especial se basa en esas dos ideas. Así pues, tanto la mecánica de Newton, como la relatividad especial, se cumplen en todos los sistemas inerciales, o sea, los que se mueven con movimiento rectilíneo uniforme unos con respecto a otros. Pero en el Universo todo o casi todo está en rotación, incluyendo a la Tierra, y esos sistemas deben considerarse acelerados, pues el "vector velocidad" cambia su orientación, incluso aunque no cambie su magnitud. ¿Por qué entonces hemos encontrado que la mecánica de Newton y la relatividad especial se cumplen en una amplia variedad de fenómenos?. Porque la Tierra y los demás sistemas de referencia son muy aproximadamente inerciales. Dicho de otro modo, aunque son acelerados, sus aceleraciones son muy suaves.

Sin embargo la Relatividad General se acerca más a la realidad, porque considera desde el principio como serían las leyes de la naturaleza en cualquier sistema de referencia. Extiende el principio de la relatividad de Galileo y no da preferencia a los sistemas inerciales. El principio de la Relatividad General puede expresarse así: "Todos los sistemas de coordenadas son equivalentes para la formulación de las leyes de la naturaleza", o dicho de otro modo: las leyes de la naturaleza deben ser expresadas de manera que sean las mismas en todos los sistemas de coordenadas; si no fuera así no habría un consenso sobre tales leyes, pues cada observador obtendría fórmulas distintas según su estado de movimiento. Los sistemas inerciales son solo un caso particular del caso más general. Al extender la relatividad especial a sistemas en cualquier estado de movimiento aparece la curvatura del espacio-tiempo, y la gravedad queda explicada como consecuencia de esa "geometría curva". La Relatividad General se ha mostrado más exacta que la teoría de Newton. Si el principio de Relatividad General no se cumpliera en el Universo, como hemos dicho, unos observadores no se pondrían de acuerdo con otros en cuanto a sus leyes más fundamentales, y eso haría que quizá ni siquiera se pudiese hablar de "leyes universales".

www.ingramcontent.com/pod-product-compliance
Lightning Source LLC
Chambersburg PA
CBHW030549220526
45463CB00007B/3043